Mir Maroof Mansoor

Avaliação comparativa de leite condensado liofilizado e evaporado

Mir Maroof Mansoor

Avaliação comparativa de leite condensado liofilizado e evaporado

Imprint

Any brand names and product names mentioned in this book are subject to trademark, brand or patent protection and are trademarks or registered trademarks of their respective holders. The use of brand names, product names, common names, trade names, product descriptions etc. even without a particular marking in this work is in no way to be construed to mean that such names may be regarded as unrestricted in respect of trademark and brand protection legislation and could thus be used by anyone.

Cover image: www.ingimage.com

This book is a translation from the original published under ISBN 978-620-2-05500-0.

Publisher:
Sciencia Scripts
is a trademark of
Dodo Books Indian Ocean Ltd. and OmniScriptum S.R.L publishing group

120 High Road, East Finchley, London, N2 9ED, United Kingdom
Str. Armeneasca 28/1, office 1, Chisinau MD-2012, Republic of Moldova, Europe
Printed at: see last page
ISBN: 978-620-7-73603-4

RESUMO

O leite é um elemento essencial para o crescimento neonatal. O leite condensado tem 70% da proteína total do leite, lactose e gordura. Nesta investigação, o leite condensado foi preparado a partir de leite cru. A composição nutricional (lactose, proteínas, lípidos) varia devido a factores ambientais e métodos. Foram optimizadas as condições para a recuperação máxima do leite condensado. Isto foi feito com a ajuda de um liofilizador. Foi determinado que o leite condensado preparado pelo liofilizador era muito mais rico nutricionalmente do que o leite cru e o leite condensado preparado pelo processo de evaporação, que está disponível comercialmente nos mercados.

Dedicação

Esta tese é dedicada aos meus queridos pais, amigos e professores que desempenharam um papel fundamental no meu percurso educativo e rezaram pelo meu sucesso.

RECONHECIMENTO

Antes de mais, um agradecimento incontável apenas ao Todo-Poderoso ALLAH, o criador de todos nós, o omnipotente, omnipresente, o mais misericordioso e o mais compassivo, digno de todos os louvores, que guia nas trevas e nas dificuldades. As suas inúmeras bênçãos permitiram-me concluir com êxito a minha investigação.

Todos os respeitos ao último Santo Profeta Maomé (P.B.U.H) que é para sempre uma tocha de conhecimento e bondade para a humanidade.

Gostaria de expressar a minha sincera gratidão ao meu orientador, **Prof. Dr. Asad Gulzar, pelo** apoio contínuo ao meu estudo e investigação de mestrado, pela sua paciência, motivação, entusiasmo e imenso conhecimento. A sua orientação ajudou-me durante todo o tempo de investigação e redação desta tese. Não podia imaginar ter um melhor orientador e mentor para o meu estudo de mestrado.

Para além do meu orientador, gostaria de agradecer ao supervisor da minha tese: **Dr. Abdul Majeed Salariya,** principal responsável científico do Conselho Paquistanês de Investigação Científica e Industrial (PCSIR) de Lahore, pelo seu encorajamento, comentários perspicazes e perguntas difíceis e por me ter oferecido oportunidades nos seus grupos e me ter levado a trabalhar em diversos projectos interessantes.

Também apresento os meus cumprimentos ao **Sr. Salman,** oficial científico sénior do PCSIR, pela sua orientação experiente e comportamento amável. Agradeço também aos meus colegas de laboratório no PCSIR: **Sheikh Qamar Javed Iqbal** e **Sheikh Ashfaq Ahmad** pelas discussões estimulantes, pelas noites sem dormir que passámos a trabalhar juntos antes dos prazos e por toda a diversão que tivemos nos últimos 2 anos. Um agradecimento especial ao pessoal do laboratório do PCSIR de Lahore pela sua ajuda durante o meu trabalho de investigação. Por último, mas não menos importante, gostaria de agradecer à minha família: aos meus pais **Mir Mansoor Iqbal** e **Mamoona Anjum** por me terem dado à luz em primeiro lugar e por me terem apoiado espiritualmente ao longo da minha vida.

Mir Maroof Mansoor

M. Phil (Química)

ÍNDICE DE CONTEÚDOS:

CAPÍTULO 1
INTRODUÇÃO

O leite é considerado um alimento completo, uma vez que é uma boa fonte de proteínas, gorduras e minerais importantes. Além disso, o leite e os produtos lácteos são os principais constituintes da dieta diária, especialmente para grupos vulneráveis como os bebés, as crianças em idade escolar e os idosos.

O leite é segregado pelas glândulas mamárias dos mamíferos para alimentar as suas crias. O leite de vaca, um líquido branco de baixa viscosidade e sabor ligeiramente adocicado, é o mais comummente utilizado como alimento humano. Existem, no entanto, grandes variações nas propriedades químicas e físicas do leite de várias espécies de mamíferos. O leite de vaca é produzido na maioria dos sistemas de produção agrícola. Pode ser vendido fresco, consumido como leite fermentado ou fabricado em produtos como manteiga, ghee e queijo. O leite azedo é o produto mais comum, e o leite é normalmente azedo antes de ser processado. O leite de vaca é processado principalmente para o converter num produto mais estável, por exemplo, o leite fermentado pode ser armazenado durante cerca de vinte dias em comparação com menos de um dia para o leite fresco. Os produtos lácteos são mais estáveis do que o leite fresco porque são mais ácidos e contêm menos humidade. Os conservantes, por exemplo, o sal, também podem ser adicionados aos produtos lácteos. Assim, ao aumentar a acidez e reduzir o teor de humidade, a estabilidade de armazenamento do leite pode ser aumentada (Robert, 1976).

Leite condensado

O leite pode ser condensado através da redução da humidade e é conhecido como leite condensado. O leite condensado é uma das formas mais concentradas de leite, de consistência espessa e com elevado valor nutricional. É amplamente utilizado de várias formas na nossa dieta diária, particularmente em produtos de confeitaria, gelados, preparação de sobremesas e outros alimentos. Esta tese descreve em pormenor o processo de fabrico, a composição, a embalagem, o armazenamento e o valor nutricional.

Composição do leite de vaca

Armstrong (1985) apresentou a composição do leite de vaca da seguinte forma

1. 87,3% de água
2. 3,9% de matéria gorda láctea
3. Proteína 3,25% (3/4 caseína)
4. Lactose 4,6%
5. Minerais 0,65% - Ca, P, Mg, Na, Zn, Fe, Cu, Sulfatos, bicarbonatos e muitos outros.
6. Ácidos 0,18% - Citrato, Formiato, Acetato, Lactato, Oxalato
7. As enzimas encontram-se em vestígios como - peroxidase, catalase, fosfatase, lipase
8. Vitaminas em vestígios como - A, C, D, Tiamina, riboflavina

Composição química do leite de vaca

Quimicamente, o leite é um material complexo composto por várias centenas de compostos, muitos dos quais têm um valor significativo mesmo quando estão presentes em baixa concentração.

Lípidos

Os lípidos compreendem todos os componentes gordos do leite que são separáveis por fração etérea. Os lípidos são um termo que inclui todos os componentes solúveis em éter. Os lípidos são geralmente classificados em: (a) Gordura (aproximadamente 98%), (b) Fosfolípidos, (c) Esteróis, (d) Vitamina, (e) Outros componentes minerais.

Hidratos de carbono (Lactose)

Harper em 1981 descreveu que a Lactose; o hidrato de carbono é o componente mais abundante no leite e é frequentemente considerado como o único hidrato de carbono no leite. Além disso, existem alguns outros hidratos de carbono que estão presentes em quantidades vestigiais. A lactose existe em duas formas: alfa e beta. A lactose caracteriza-se pela sua baixa doçura e solubilidade. A lactose é um componente do leite que sofre a ação das bactérias para produzir ácido lático e produtos de fermentação. A sua fermentação é essencial para o fabrico de produtos de cultura e de queijo.

O leite contém aproximadamente 4,9% de hidratos de carbono, predominantemente lactose, com vestígios de monossacáridos e oligossacáridos. A lactose é um dissacárido de glucose e galactose. As proteínas do leite contêm todos os nove aminoácidos essenciais necessários ao ser humano. As proteínas do leite são sintetizadas na glândula mamária, mas 60% dos aminoácidos usados para construir as proteínas são obtidos da dieta da vaca. O teor total de proteínas do leite e a composição de aminoácidos variam consoante a raça da vaca e a genética de cada animal. O leite de vaca com 2% de gordura contém 285 mg de cálcio, o que representa 22% a 29% da dose diária recomendada (DRI) de cálcio para um adulto. A energia bruta fornecida pelo leite pode ser calculada a partir dos seus teores de lactose, proteína e gordura. A energia metabolicamente disponível é de aproximadamente 4.0, 4.1 e 8.9 kcal/g (16.8, 17.0 e 37.0 kJ/g) para a lactose, proteína e gordura, respetivamente. O leite humano e o leite de vaca contêm 670-720 kcal/kg (2,8-3,0 MJ/kg).

Química das proteínas do leite

O leite contém 3,3% de proteínas totais. As proteínas do leite contêm todos os 9 aminoácidos essenciais necessários ao ser humano. As proteínas do leite são sintetizadas na glândula mamária, mas 60% dos aminoácidos utilizados para construir as proteínas são obtidos a partir da dieta da vaca. O teor total de proteínas do leite e a composição de aminoácidos variam consoante a raça da vaca e a genética de cada animal. As proteínas são polímeros de aminoácidos. Apenas vinte aminoácidos diferentes ocorrem regularmente nas proteínas. Existem duas categorias principais de proteínas do leite que são amplamente definidas pela sua composição química e propriedades físicas. A família da caseína contém fósforo e coagulará ou precipitará em pH 4,6. As proteínas do soro (whey) não contêm fósforo, e estas proteínas permanecem em solução no leite a pH 4,6. O princípio da coagulação ou formação da coalhada, em pH reduzido, é a base para a formação da coalhada do queijo. No leite de vaca, aproximadamente 82% da proteína do leite é caseína e os restantes 18% são proteínas do soro (Christison, 2006).

Caseína

A família de proteínas caseína consiste em vários tipos de caseínas (α-s1, α-s2, β, e 6) e cada uma tem a sua própria composição de aminoácidos, variações genéticas e propriedades funcionais. As caseínas estão suspensas no leite num complexo chamado micela que é discutido abaixo na secção de propriedades físicas. As caseínas têm uma estrutura relativamente aleatória e aberta devido à composição de aminoácidos (alto teor de prolina). O alto teor de fosfato da família da caseína permite que ela se associe ao cálcio e forme sais de fosfato de cálcio. A abundância de fosfato permite que o leite contenha muito mais cálcio do que seria possível se todo o cálcio estivesse dissolvido em solução, pelo que as proteínas de caseína constituem uma boa fonte de cálcio para os consumidores de leite. A 6-caseína é constituída por uma porção de hidratos de carbono ligada à cadeia proteica e está localizada perto da superfície exterior da micela de caseína. No fabrico de queijo, a 6-caseína é clivada entre certos aminoácidos, o que resulta num fragmento de proteína que não contém o aminoácido fenilalanina. Este fragmento é designado por glicomacropeptídeo do leite e é uma fonte única de proteínas para as pessoas com fenilcetonúria (Holt, 1995).

Proteína de soro de leite

Kunz, em 1990, afirmou que a família das proteínas do soro (soro de leite) consiste em aproximadamente 50% de β-lactoglobulina, 20% de a-lactalbumina, albumina do soro sanguíneo, imunoglobulinas, lactoferrina, transferrina e muitas proteínas e enzimas menores. Tal como os outros componentes principais do leite, cada proteína do soro tem a sua própria composição e variações características. As proteínas do soro de leite não contêm fósforo, por definição, mas contêm uma grande quantidade de aminoácidos contendo enxofre. Estes formam ligações dissulfureto dentro da proteína, fazendo com que a cadeia tenha uma forma esférica compacta. As ligações dissulfureto podem ser quebradas, levando à perda da estrutura compacta, um processo chamado desnaturação. A desnaturação é uma vantagem na produção de iogurte porque aumenta a quantidade de água que as proteínas podem ligar, o que melhora a textura do iogurte. Este princípio também é usado para criar ingredientes especializados de proteína de soro de leite com propriedades funcionais únicas para uso em alimentos. Um exemplo é o uso de proteínas do soro de leite para ligar a água em produtos de carne e salsicha.

Química da gordura do leite

O leite contém aproximadamente 3,4% de gordura total. A gordura do leite tem a composição de ácidos gordos mais complexa das gorduras comestíveis. Cerca de 15 a 20 ácidos gordos constituem 90% da gordura do leite. Os principais ácidos gordos na gordura do leite são os ácidos gordos de cadeia linear que são saturados e têm 4 a 18 carbonos (4:0, 6:0, 8:0, 10:0, 12:0, 14:0, 16:0, 18:0), ácidos gordos monoinsaturados (16:1, 18:1) e ácidos gordos polinsaturados (18:2, 18:3). Alguns dos ácidos gordos encontram-se em quantidades muito pequenas, mas contribuem para o sabor único e desejável da gordura do leite e da manteiga. Por exemplo, os ácidos gordos C14:0 e C16:0 β-hidroxilados formam espontaneamente lactonas após aquecimento, o que realça o sabor da manteiga. A gordura do leite contém aproximadamente 65% de ácidos gordos saturados, 30% de ácidos gordos monoinsaturados e 5% de ácidos gordos polinsaturados. Do ponto de vista nutricional, nem todos os ácidos gordos são iguais. Os ácidos gordos saturados estão associados a níveis elevados de colesterol no sangue e a doenças cardíacas. No entanto, os ácidos gordos de cadeia curta (4 a 8 carbonos) são metabolizados de forma diferente dos ácidos gordos de cadeia longa (16 a 18 carbonos) e não são considerados um fator cardíaco (Parodi, 2004).

Estágio de lactação

Há mudanças sistemáticas na composição da gordura do leite que são devidas ao estágio da lactação e às necessidades energéticas do animal. No início da lactação, a energia do animal provém em grande parte das reservas corporais e há poucos ácidos gordos disponíveis para a síntese de gordura, pelo que os ácidos gordos utilizados para a produção de gordura do leite são obtidos a partir da dieta e tendem a ser os ácidos gordos de cadeia mais longa 16:0, 18:0, 16:1 e 18:2 (Bewley, 2010). Estas alterações na composição dos ácidos gordos não têm um grande impacto nas propriedades nutricionais do leite, mas podem ter algum efeito nas características de processamento de produtos como a manteiga (Lefevre, 2010)

As seguintes circunstâncias influenciam a lactação:

Idade da vaca

Quando uma vaca tem a sua primeira cria, não produz a quantidade máxima de leite, mas a quantidade aumenta de ano para ano até atingir um certo limite, quando, com o aumento da idade, a quantidade diminui, primeiro lentamente e mais rapidamente mais tarde. A idade até à qual compensa manter as vacas para ordenha varia consoante a individualidade, a raça e o tratamento. É geralmente aceite que as vacas são mais rentáveis do terceiro ao décimo ano.

Vacas em cio

Sabemos muito pouco sobre as alterações que ocorrem no leite no regresso dos períodos em que as vacas entram em cio. Das experiências de alimentação efectuadas por G. Kuehn e Fleischer, não se pode deduzir uma alteração caraterística do leite durante esses períodos. Foi afirmado que este leite, por vezes, coalha ao ferver. Um curso normal deste processo, que dura apenas alguns dias, não deve influenciar a lactação normal durante qualquer período de tempo.

Note-se que também as vacas que foram submetidas ao processo de castração podem produzir leite. No entanto, não se considera rentável manter essas vacas durante mais de dois anos. Estas vacas engordam rapidamente e, consequentemente, as suas qualidades de produção de leite são afectadas. **Raça e individualidade**

As boas qualidades de produção de leite dependem principalmente de um desenvolvimento forte e saudável do úbere. Um defeito neste último nunca pode ser remediado pela melhor e mais nutritiva alimentação. O rendimento e a qualidade do leite dependem diretamente das propriedades individuais do animal e, portanto, também da sua raça. Têm sido efectuados frequentemente estudos comparativos sobre o rendimento e a qualidade do leite de diferentes raças, mas são incompletos e pouco fiáveis. Ou foram efectuadas com poucos animais durante um período mais longo ou, se realmente foram efectuadas em grande escala, foram-no durante um curto período. Em alguns casos, foram observados animais seleccionados durante períodos mais longos. Os valores médios deduzidos de observações tão incompletas e heterogéneas são, portanto, de pouco valor. O rendimento e a qualidade do leite de várias raças e raças de gado não podem ser determinados sem a recolha de estatísticas abundantes e bem seleccionadas nos países de onde esse gado é originário. Foram efectuadas poucas investigações para as quais a química tenha contribuído tão amplamente como deveria.

Alimentação e tratamento

Para manter a produção de leite durante todo o período de lactação num estado satisfatório, são necessários um bom alojamento e tratamento e uma alimentação adequada às circunstâncias, em termos de quantidade, volume, preparação e composição química. Pode considerar-se como um facto que as quantidades de leite e de manteiga aumentam com a quantidade de material azotado na alimentação. Deve ser recomendada a uniformidade do tratamento e da alimentação, e devem ser evitadas alterações súbitas a este respeito, uma vez que a experiência provou que estas são invariavelmente seguidas de influências desfavoráveis sobre a secreção de leite. A produção de leite é muito favorecida por uma água saudável com uma temperatura uniforme, nem demasiado alta nem demasiado baixa, por um tratamento caridoso do gado e pela pontualidade na satisfação das suas necessidades.

Estações do ano

A produção de leite varia consoante as alterações climáticas e a alimentação nas várias estações do ano. A maior parte do leite, mas muitas vezes também o mais fino, é produzido durante a primavera, devido à alimentação que, nessa altura, consiste principalmente em ervas jovens e luxuriantes. As plantas mais nutritivas dos prados e campos durante o verão e o outono, bem como os alimentos secos durante o inverno, são a causa de uma menor produção de leite que, no entanto, é mais rico.

Influência da temperatura

A produção de leite das vacas varia consoante a latitude geográfica. Só por este facto podemos presumir que a temperatura exerce uma influência decisiva. Uma temperatura média anual de 15° C é considerada a mais vantajosa. Temperaturas demasiado elevadas (no estábulo) debilitam e predispõem as vacas a constipações, influenciam negativamente a produção de leite e, por vezes, até a sua qualidade.

Influência do clima

A chuva, a humidade do ar e os ventos exercem, sem dúvida, uma influência sobre o bem-estar geral e os vários processos fisiológicos. Ainda não foram efectuadas investigações exactas sobre a influência destes fenómenos meteorológicos no rendimento e na qualidade do leite.

Exercício

É aconselhável um exercício moderado ao ar livre e nas pastagens. O trabalho pesado e as viagens longas diminuem o rendimento e a qualidade do leite. O leite destas vacas tem tendência para coalhar quando fervido. A constituição do animal reproduz-se no leite que ele produz. O leite dos animais mais fortes é, portanto, em média, mais rico do que o leite dos mais fracos.

Oligoelementos

O leite e os produtos lácteos são os mais diversificados dos géneros alimentícios naturais em termos de composição, contendo mais de vinte oligoelementos diferentes. A maior parte deles são essenciais e muito importantes, como o cobre, o zinco, o manganésio e o ferro. Estes metais são co-factores em muitas enzimas e desempenham um papel importante em muitas funções fisiológicas do homem e dos animais. A falta destes metais provoca perturbações e condições patológicas (Steve, 1986)

A quantidade de metais no leite não contaminado é reconhecidamente ínfima, mas o seu conteúdo pode ser significativamente alterado através do processo de fabrico e de embalagem, bem como os metais que podem estar contaminados pela alimentação dos diferentes bovinos e pelo ambiente, como o chumbo, o cádmio, o crómio, o níquel e o cobalto, podem ser excretados no leite a vários níveis e causar problemas graves.

Valores nutricionais

O valor nutritivo do leite pode ser consideravelmente alterado por processos como a separação, a concentração dos componentes, a adição de constituintes não lácteos e o tratamento térmico. Por exemplo, durante o fabrico da manteiga, a gordura e as vitaminas lipossolúveis são retidas na manteiga, enquanto as proteínas, a lactose, os minerais e as vitaminas B permanecem no leitelho. Parte da matéria gorda da manteiga pode ser substituída por óleo vegetal para obter uma melhor capacidade de barrar.

O teor potencial de gordura do leite de uma vaca individual é determinado geneticamente, assim como os níveis de proteína e lactose. Assim, a seleção para reprodução com base no desempenho individual é eficaz para melhorar a qualidade da composição do leite. O registo da produção total de leite e das percentagens de gordura e de sólidos isentos de gordura (SNF) no efetivo indicará as vacas mais produtivas, e as vacas de substituição devem ser criadas a partir destas. A sub-alimentação reduz tanto o teor de gordura como o de SNG do leite, embora o teor de SNG seja mais sensível ao nível de alimentação. O teor de gordura e a composição da gordura são mais influenciados pela ingestão de fibra. O teor de FDN pode diminuir se a vaca for alimentada com uma dieta de baixa energia, mas não é muito influenciado pela deficiência de proteína, a menos que a deficiência seja aguda (Miller, 1999) PROPRIEDADES FÍSICAS

As propriedades físicas do leite de vaca incluem a gravidade específica, a viscosidade, a acidez e o índice de refração.

Gravidade específica

A gordura do creme de leite é mais leve em densidade do que a água e flutua na superfície do leite homogeneizado. Quando desnatamos a superfície, parte da gordura e a porção mais densa permanecem no leite e o leite fica mais denso.

Acidez

A acidez do leite é um indicador importante da qualidade do leite. As medições da acidez são também utilizadas para monitorizar processos como o fabrico de queijo e iogurte. A acidez titulável do leite é expressa em termos de percentagem de ácido lático - o principal ácido produzido pela fermentação depois de o leite sair do úbere. O leite fresco contém apenas vestígios de ácido lático. No entanto, devido à capacidade de tamponamento das proteínas e dos sais do leite, o leite fresco, no qual não foi produzido ácido lático, apresenta normalmente uma acidez inicial de 0,14% a 0,16% quando titulado com hidróxido de sódio para um ponto final de fenolftaleína. O pH do leite a 25 graus Celsius varia normalmente num intervalo relativamente estreito de 6,5 a 6,7, devido à grande variação inerente, a medida da acidez titulável tem pouco valor prático, exceto para medir alterações na acidez e, mesmo para este fim, o pH é a melhor medida. A caseína e o fosfato são componentes tamponantes importantes do leite (Fairise, 1999)

Índice de refração

O índice de refração é normalmente determinado a 20 graus C com a linha D do espetro de sódio. O índice de refração do leite é de 1,3440 a 1,3485 e pode ser utilizado para estimar os sólidos totais. A maioria das proteínas tem um incremento no índice de refração de cerca de 0,0018, o que significa que um grama de proteína dissolvido em 100 ml de solução aumenta o índice de refração nessa quantidade. Com um refractrómetro preciso, é possível determinar a concentração de proteínas; a temperatura deve ser cuidadosamente controlada, uma vez que a maioria das proteínas apresenta um coeficiente de temperatura considerável para o índice de refração (Brereton, 1992).

Viscosidade

A viscosidade é a resistência de um líquido ao fluxo ou à deformação. Isto indica que o sistema de proteínas e o sistema de glóbulos de gordura contribuem significativamente para a viscosidade do produto lácteo fluido. O comportamento viscoso dos produtos lácteos será afetado pela concentração, temperatura e estado de dispersão dos componentes sólidos.

FACTORES QUE AFECTAM A COMPOSIÇÃO DO LEITE

Há dois factores principais que afectam a composição do leite: o genético e o ambiental.

Factores genéticos

Tanto a produção como a composição do leite variam consideravelmente entre as raças de gado leiteiro. As raças Jersey e Guernsey produzem leite com cerca de 5% de gordura, enquanto o leite das Shorthorns e das Friesians contém cerca de 3,5% de gordura. As vacas zebuínas podem dar leite com até 7% de gordura. O leite de cada vaca de uma raça varia muito, tanto em termos de rendimento como de teor dos vários componentes. O teor potencial de gordura do leite de uma vaca individual é determinado geneticamente, tal como os níveis de proteína e lactose. Assim, a seleção para reprodução com base no desempenho individual é eficaz para melhorar a qualidade da composição do leite. O registo da produção total de leite e das percentagens de gordura e de sólidos isentos de gordura (SNF) no efetivo indicará as vacas mais produtivas, e as vacas de substituição devem ser criadas a partir destas (McSweeney, 1988)

No que respeita ao leite condensado, é simplesmente um preconceito que o leite condensado suíço deva, no que respeita à riqueza, possuir qualidades superiores. A qualidade superior, nomeadamente no que se refere ao sabor, do leite de vacas alimentadas em pastagens de Alpraountain é objeto de grande destaque. Se considerarmos, no entanto, que os estabelecimentos que fabricam leite condensado não só estão situados nos vales, mas utilizam exclusivamente, como o fazem em todo o lado, leite produzido nos vales, o ridículo das alegações feitas com o objetivo de reclamar é imediatamente evidente. Estas alegações só são igualadas pelas oferecidas pelos fabricantes de alimentos lácteos para bebés, "que afirmam que os seus produtos podem compensar totalmente a falta de leite materno. Desde que seja utilizado apenas leite de vaca de boa qualidade e que, com uma adição invariável de açúcar, seja condensado num grau adequado e igual, não existe qualquer razão válida para que o leite condensado produzido em qualquer outro país não seja igual ao produzido na Suíça. (Nicholas, 1982)

Intervalo entre ordenhas

O teor de gordura do leite varia consideravelmente entre a ordenha da manhã e a ordenha da noite, porque há normalmente um intervalo muito mais curto entre a ordenha da manhã e a da noite do que entre a ordenha da noite e a da manhã. Se as vacas fossem ordenhadas em intervalos de 12 horas, a variação no teor de gordura entre as ordenhas seria insignificante, mas isso não é praticável na maioria das fazendas. Normalmente, o teor de FDN não varia com o intervalo de tempo entre as ordenhas.

Fase de lactação

Os teores de gordura, lactose e proteínas do leite variam consoante a fase de lactação. O teor de sólidos não gordos é geralmente mais elevado durante as primeiras duas a três semanas, após o que diminui ligeiramente. O teor de matéria gorda é elevado imediatamente após o parto, mas começa logo a diminuir, e continua a diminuir durante 10 a 12 semanas, após o que tende a aumentar novamente até ao fim da lactação. O elevado teor de proteínas do leite do início da lactação deve-se principalmente ao elevado teor de globulinas.

Idade e saúde

À medida que as vacas envelhecem, o teor de gordura do leite diminui em cerca de 0,02 unidades percentuais por lactação, enquanto a queda no teor de FDN é de cerca de 0,04 unidades percentuais. Tanto o teor de gordura como o de FDN podem ser reduzidos por doenças, nomeadamente a mastite.

Regime de alimentação

A alimentação insuficiente reduz tanto o teor de gordura como o de fibras sintéticas do leite, embora o teor de fibras sintéticas seja mais sensível ao nível de alimentação. O teor e a composição da gordura são mais influenciados pela ingestão de fibras. O teor de FDN pode cair se a vaca for alimentada com uma dieta de baixa energia, mas não é muito influenciado pela deficiência de proteína, a menos que a deficiência seja aguda (Nicholas, 2010)

Completude da ordenha

O primeiro leite d n do úbere contém cerca de 1,4% de gordura, enquanto que o último leite (ou de descasque) contém cerca de 8,7% de gordura. Assim, é essencial ordenhar a vaca completamente e misturar bem todo o leite retirado antes de recolher uma amostra para análise. A gordura deixada no úbere no final de uma ordenha é normalmente recolhida durante as ordenhas seguintes, pelo que não há perda líquida de gordura.

Benefícios para a saúde

O leite de vaca, a base de todos os outros produtos lácteos, promove ossos fortes por ser uma fonte muito boa de vitamina D e cálcio, e uma boa fonte de vitamina K - três nutrientes essenciais para a saúde óssea. Além disso, o leite de vaca é uma fonte muito boa de iodo, um mineral essencial para a função da tiroide; e uma fonte muito boa de riboflavina e uma boa fonte de vitamina B12, duas vitaminas B necessárias para a saúde cardiovascular e a produção de energia.

O leite de vaca é também uma boa fonte de vitamina A, um nutriente essencial para a função imunitária, e de potássio, um nutriente importante para a saúde cardiovascular. O leite produzido por vacas alimentadas com erva também contém um ácido gordo benéfico chamado ácido linoleico conjugado (CLA). Os investigadores que realizaram estudos em animais com o CLA descobriram que este ácido gordo inibe vários tipos de cancro em ratos. Estudos in vitro (tubo de ensaio) indicam que este composto mata células humanas de cancro da pele, cancro colorrectal e cancro da mama. Outras investigações sobre o ALC sugerem que esta gordura benéfica pode também ajudar a reduzir o colesterol e a prevenir a aterosclerose.

O leite de vaca pode ser mais conhecido como uma óptima fonte de cálcio. O cálcio é amplamente reconhecido pelo seu papel na manutenção da força e densidade dos ossos. Num processo conhecido como mineralização óssea, o cálcio e o fósforo unem-se para formar fosfato de cálcio. O fosfato de cálcio é um dos principais componentes do complexo mineral (chamado hidroxiapatite) que dá estrutura e força aos ossos. Uma chávena de leite de vaca fornece 29,7% do valor diário de cálcio, juntamente com 23,2% do valor diário de fósforo (Lippincott, 2008).

Em estudos recentes, foi demonstrado que este importante mineral:

1. Ajudam a proteger as células do cólon de substâncias químicas causadoras de cancro
2. Ajuda a prevenir a perda óssea que pode ocorrer como resultado da menopausa ou de certas condições como a artrite reumatoide
3. Ajuda a prevenir as enxaquecas nas pessoas que delas sofrem
4. Reduzir os sintomas da TPM durante a fase lútea (a segunda metade) do ciclo menstrual
5. Ajudar a prevenir a obesidade infantil
6. Ajudar os adultos com excesso de peso a perder peso, especialmente em torno da secção média Preocupações individuais.

Alguns dos problemas com o leite de vaca

Kaylegian, em 1987, descreveu que existem alguns problemas de saúde associados ao leite de vaca, especialmente para crianças e adultos mais velhos:

1. Enzimas mortas (podem levar a problemas auto-imunes, ou seja, diabetes tipo 1, lúpus, desenvolvimento cerebral limitado, autismo)
2. Formação de muco (provoca alergias, constipações frequentes, infecções dos ouvidos, problemas auto-imunes)
3. HFCS ou outra dose oculta (leva à obesidade, diabetes tipo 2, TDAH, desenvolvimento cerebral limitado)
4. Cálcio morto (bom para as crianças que têm a enzima lactase, mas mau para os adultos)
5. Anomalias hormonais devidas às hormonas de crescimento administradas às vacas
6. Sistema imunitário enfraquecido devido aos antibióticos dados às vacas.

Tudo isto fragiliza as crianças física, mental e emocionalmente; e prepara o terreno para que as crianças sejam introduzidas muito mais cedo nos medicamentos de venda livre e, eventualmente, nos medicamentos sujeitos a receita médica, quando os seus corpos ainda não amadureceram o suficiente (especialmente o sistema imunitário) para lidar com as toxinas subtis dos medicamentos. Como resultado, tornam-se bioquimicamente dependentes das drogas dos alimentos e dos medicamentos.

Leite anormal

A utilização de alimentos de qualidade inferior e de água insalubre, bem como certas doenças, provocam também a produção de um leite de qualidade inferior, cientificamente designado por "leite de vaca anormal". O leite de vaca anormal não é apenas o leite adulterado, mas todo o leite que não é suscetível de ser utilizado como alimento sem prejuízo do interesse do consumidor.

Leite de colostro

O colostro é o primeiro alimento do animal jovem e, como tal, tem uma importância considerável, mas não é adequado para uso leiteiro. Por esta razão, todas as sociedades leiteiras proíbem a sua venda. As fábricas de leite condensado recusam o leite até ao sexto dia após o parto, ao passo que nas queijarias só o aceitam ao oitavo dia, pois diz-se que o colostro interfere com a coagulação e o subsequente processo de maturação do queijo.

Os primeiros três a quatro litros dos animais ordenhados após o parto são um líquido mucilaginoso branco-amarelado, que é frequentemente colorido pelo sangue, exibindo uma tonalidade castanho-avermelhada. Possui um odor peculiar e tem, a 15° C, uma gravidade específica de 1,06 a 1,08. A nata sobe muito lentamente; mas, após um longo período de repouso, onde se forma uma pele de albuminatos secos na superfície, obtém-se de 50 a 75 por cento, em volume, de nata. A fronteira entre o leite e a nata não é bem marcada. O colostro é convertido num bolo sólido por aquecimento. Possui originalmente uma reação ácida e conserva-se bem, especialmente depois de se ter formado uma pele de albumina seca na sua superfície. O colostro apresenta-se então inalterado mesmo após duas semanas de repouso. A caseína, ao ser coalhada, desenvolve um gás e, entre os rebanhos pesados, permanece um soro opalescente de cor avermelhada, que tem grande semelhança com o soro sanguíneo. Os produtos obtidos após esta primeira ordenha assumem gradualmente o carácter de leite de vaca, até que, após quatro dias, a secreção das glândulas apresenta todas as propriedades do leite normal. A passagem do colostro para o leite que pode ser utilizado para fins industriais efectua-se, portanto, num período relativamente curto. É mais lenta nos animais mais jovens e nos que têm um desenvolvimento inferior, no que respeita à produção de leite. As boas vacas leiteiras produzem, geralmente, no terceiro ou quarto dia após o parto, leite que pode ser fervido sem apresentar qualquer coagulação da matéria albuminosa, ao passo que os animais jovens fornecem, mesmo no sexto ou sétimo dia, leite que apresenta uma coagulação parcial aquando da fervura e no qual podem ser encontrados corpúsculos de colostro com a ajuda do microscópio. Para além do sangue, da albumina, da caseína, da gordura e das cinzas, encontramos como constituintes normais do colostro as seguintes substâncias: açúcar, globulina, nucleína, ureia, lecitina e colesterina. (Eiigling, 1989)

O leite colostro é especialmente caracterizado por corpúsculos granulados comparativamente grandes (0,005 a 0,025 m.m. de diâmetro). Para além destes, encontram-se fragmentos em vários graus de dissolução, que frequentemente consistem apenas em conglomerados de glóbulos de gordura. Encontram-se também ocasionalmente cachos de células dos canais lactíferos, geralmente maiores do que os corpúsculos do colostro.

LEITE ENVENENADO

O leite pode ocasionalmente conter substâncias metálicas venenosas. Estas substâncias provêm de alimentos azedos mantidos em recipientes metálicos e consumidos pela vaca, ou podem ser transmitidas ao leite azedo que é mantido em recipientes metálicos. (Taylor, 1978) Os ácidos que se formam durante a acidificação dissolvem facilmente os óxidos de cobre, chumbo e zinco. Diz-se que nalgumas localidades são utilizados recipientes de zinco para retardar a acidificação.

Exames para venenos metálicos

Para verificar a presença de grandes quantidades de substâncias metálicas suspeitas, o exame pode ser efectuado pelo método a seguir descrito Precipita-se de 50 a 100 c.c. de leite com algumas gotas de ácido muriático. Após aquecimento até à ebulição, filtrar a solução do precipitado e lavar este último. A solução é então evaporada até cerca de 25 c.c. e novamente filtrada para remover alguma albumina e gordura, que se tornaram insolúveis durante a concentração do líquido. Prossegue-se a concentração do líquido até restarem cerca de 10 c.c.. Estes são distribuídos por três tubos de ensaio, sendo um utilizado para a determinação da presença de zinco, outro para a determinação do cobre e o último para a determinação do chumbo. A presença de zinco é determinada por meio de hidrogénio sulfurado passado através da solução quase neutralizada. Um precipitado branco indica a presença de zinco. É frequente a precipitação de enxofre que, no entanto, ao ser aquecido numa folha de platina, se queima sem deixar resíduos. O precipitado deve, portanto, ser examinado mais atentamente. A solução clorídrica é alcalinizada com amoníaco e adiciona-se sulfureto de amoníaco, formando-se então um precipitado branco floculento na presença de zinco. No caso de estarem presentes apenas pequenas quantidades de zinco, segue-se uma turvação branca, e o precipitado só se torna floculento após um longo período de repouso. O chumbo é encontrado na solução clorídrica através da passagem de hidrogénio sulfurado, que produz um precipitado preto-acinzentado. O cromato de potássio produz um precipitado amarelo de cromato de chumbo. Na presença de cobre, o amoníaco produz uma cor cinzenta suja; o ferrocianeto de potássio produz uma cor vermelha acastanhada ou um precipitado. Se uma parte da solução for colocada sobre um pedaço de folha de platina limpa e uma faca limpa for colocada sobre ela, esta última fica, no decurso de várias horas, revestida com uma camada de cobre metálico vermelho Se estes metais estiverem presentes apenas em quantidades mínimas, é preferível destruir a matéria albuminosa por meio de ácido clorídrico e clorato de potássio. O resto da operação mantém-se inalterado.

Venenos vegetais

Há registo de um caso em que, na cidade de Roma, vinte e uma pessoas foram envenenadas, no ano de 1875, pelo leite de cabras que se tinham alimentado de momordica, cujos frutos são conhecidos por possuírem propriedades altamente purgativas. Os pacientes recuperaram sob tratamento médico.

Objectivos

Analisar e comparar o leite de vaca normal, o leite condensado evaporado e o leite condensado liofilizado no que respeita à determinação do teor de humidade, proteína, gordura, cinzas e extrato isento de azoto.

Significado

O leite condensado é uma das formas mais concentradas de leite, de consistência espessa e com elevado valor nutricional. É amplamente utilizado de várias formas na nossa dieta diária, particularmente em produtos de confeitaria, gelados, preparação de sobremesas e outros alimentos. Esta tese descreve em pormenor o processo de fabrico, composição, embalagem, armazenamento e valor nutricional.

O leite condensado é normalmente preparado pelo processo de evaporação, evaporando uma parte da humidade, enquanto que nesta investigação o leite condensado é fabricado utilizando um liofilizador para verificar se há ou não alguma alteração nos valores nutricionais. O leite liofilizado é considerado mais nutritivo do que o leite condensado evaporado, uma vez que nesta técnica a humidade é removida através da criação de vácuo e esta técnica poupa tempo e é económica.

CAPÍTULO 2

Revisão da literatura e investigação relacionadas

O leite é um líquido branco produzido pelas glândulas mamárias dos mamíferos. É a principal fonte de nutrição dos mamíferos jovens antes de serem capazes de digerir outros tipos de alimentos. O termo leite é também utilizado para bebidas de cor branca, não animais, que se assemelham ao leite na cor e na textura, como o leite de soja, o leite de arroz, o leite de amêndoa e o leite de coco.

O leite do qual as natas foram desnatadas é conhecido como leite desnatado. O leite magro é atualmente designado por leite sem gordura. O leite magro é um produto lácteo com uma percentagem de gordura extremamente baixa. Em alguns países, o leite desnatado é rotulado como leite "sem gordura". O leite desnatado é mantido sob refrigeração durante cinco a 10 dias. O leite magro pode ser utilizado como alternativa ao leite numa grande variedade de alimentos, embora o baixo teor de gordura possa torná-lo inadequado para certos alimentos. O leite desnatado também tende a ter um sabor ligeiramente aguado, que alguns consumidores não apreciam (Bowen & Ruth, 2005)

De acordo com Jonathan (2007), os consumidores de leite magro compensaram totalmente o défice de energia entre o leite magro e o leite gordo. No entanto, no caso dos consumidores de leite magro, verificou-se que os homens compensaram o défice energético, enquanto as mulheres não o fizeram. Embora a compensação de energia não altere a ingestão total de gordura da maioria dos consumidores, os consumidores de leite com baixo teor de gordura ainda têm o benefício de um menor consumo de gordura saturada.

A ingestão de nutrientes entre os consumidores de leite integral e os consumidores de leite desnatado ou com baixo teor de gordura é diferente. Uma análise de um inquérito realizado pelo Departamento de Agricultura dos EUA mostrou que os consumidores de leite com baixo teor de gordura ou reduzido tinham uma maior ingestão de vitaminas, minerais e fibras alimentares em comparação com o grupo de consumidores de leite gordo, mas o zinco, a vitamina E e o cálcio eram todos pouco consumidos em cada grupo. Concluiu-se que os consumidores de leite gordo eram mais propensos a escolher alimentos menos densos em micronutrientes, o que resultou em dietas menos saudáveis.

De acordo com Jenness (1998), o leite contém 3,3% de proteínas totais. As proteínas do leite contêm todos os 9 aminoácidos essenciais necessários ao ser humano. As proteínas do leite são sintetizadas na glândula mamária, mas 60% dos aminoácidos usados para construir as proteínas são obtidos da dieta da vaca. O teor total de proteínas do leite e a composição de aminoácidos variam consoante a raça da vaca e a genética de cada animal.

Frankhauser (2007) descreveu que existem 2 categorias principais de proteínas do leite que são amplamente definidas pela sua composição química e propriedades físicas. A família da caseína contém fósforo e coagulará ou precipitará a pH 4,6. As proteínas do soro (whey) não contêm fósforo, e estas proteínas permanecem em solução no leite a pH 4,6. O princípio da coagulação, ou formação da coalhada, em pH reduzido é a base para a formação da coalhada do queijo. No leite de vaca, aproximadamente 82% da proteína do leite é caseína e os 18% restantes são proteínas do soro.

Singh (1995) afirmou que a família das proteínas do soro (soro de leite) consiste em aproximadamente

50% de B-lactoglobulina, 20% de a-lactalbumina, albumina do soro sanguíneo, imunoglobulinas, lactoferrina, transferrina e muitas proteínas e enzimas menores. Tal como os outros componentes principais do leite, cada proteína do soro tem a sua própria composição e variações características. As proteínas do soro de leite não contêm fósforo, por definição, mas contêm uma grande quantidade de aminoácidos contendo enxofre. Estes formam ligações dissulfureto dentro da proteína, fazendo com que a cadeia tenha uma forma esférica compacta. As ligações dissulfureto podem ser quebradas, levando à perda da estrutura compacta, um processo chamado desnaturação. A desnaturação é uma vantagem na produção de iogurte porque aumenta a quantidade de água que as proteínas podem ligar, o que melhora a textura do iogurte. Este princípio também é usado para criar ingredientes especializados de proteína de soro de leite com propriedades funcionais únicas para uso em alimentos. Um exemplo é o uso de proteínas de soro de leite para ligar a água em produtos de carne e salsicha

De acordo com O'Brien (1997), o leite contém aproximadamente 4,9% de hidratos de carbono que são predominantemente lactose com quantidades vestigiais de monossacáridos e oligossacáridos. A lactose é um dissacárido de glucose e galactose. A lactose encontra-se dissolvida na fase sérica (soro de leite) do leite fluido. A lactose dissolvida em solução encontra-se em duas formas, denominadas anómero a e anómero β, que podem alternar entre si. A solubilidade dos 2 anómeros depende da temperatura e, por isso, a concentração de equilíbrio das 2 formas será diferente a diferentes temperaturas. À **temperatura** ambiente **(70°F, 20°C) o rácio de equilíbrio é aproximadamente 37% a-** e 63% β- lactose. A temperaturas superiores a 200°F (93,5°C) o β-anómero é menos solúvel, pelo que existe uma maior **proporção de a-** para β-lactose. O tipo de anómero presente não afecta as propriedades nutricionais da lactose.

De acordo com Flynn (1997), a cristalização da lactose ocorre quando a concentração de lactose excede a sua solubilidade. As propriedades físicas dos cristais de lactose dependem do tipo de cristal e podem influenciar grandemente o seu uso em alimentos. **A temperatura afecta a relação de equilíbrio entre os** anomalias **a-** e B-lactose, como descrito acima. Os cristais de lactose formados a temperaturas abaixo de **20°C são principalmente cristais** de a-lactose. **Os cristais de** lactose a-monohidratada são muito duros e formam-se, por exemplo, quando o gelado passa por vários ciclos de aquecimento e congelação. Isto resulta numa textura arenosa indesejável no gelado. As gomas são frequentemente utilizadas nos gelados para inibir a cristalização da lactose. A forma cristalina da B-lactose é mais doce e mais solúvel **do que** a lactose a-monohidratada e pode ser preferida em algumas aplicações de panificação. Quando uma solução de lactose é rapidamente seca, não tem tempo para cristalizar e forma um tipo de vidro. O vidro de lactose existe no leite em pó e causa aglomeração. A aglomeração é desejável porque resulta num leite em pó que se dissolve instantaneamente em água.

Sainsbury's (2008) afirmou que o leite contém aproximadamente 3,4% de gordura total. A gordura do leite tem a composição de ácidos gordos mais complexa das gorduras comestíveis. Foram identificados mais de 400 ácidos gordos individuais na gordura do leite. No entanto, cerca de 15 a 20 ácidos gordos constituem 90% da gordura do leite. Os principais ácidos gordos na gordura do leite são os ácidos gordos de cadeia linear que são saturados e têm 4 a 18 carbonos (4:0, 6:0, 8:0, 10:0, 12:0, 14:0, 16:0, 18:0), ácidos gordos monoinsaturados (16:1, 18:1) e ácidos gordos polinsaturados (18:2, 18:3). Alguns dos ácidos gordos encontram-se em quantidades muito pequenas, mas contribuem para o sabor único e desejável da gordura do leite e da manteiga. Por exemplo, os ácidos gordos C14:0 e C16:0 β-hidroxilados formam espontaneamente lactonas após o aquecimento, o que realça o sabor da manteiga. A composição de ácidos gordos da gordura do leite não é constante ao longo do ciclo de lactação da vaca. Os ácidos gordos com 4 a 14 carbonos de comprimento são produzidos na glândula mamária do animal. Alguns dos ácidos gordos de 16 carbonos são produzidos pelo animal e outros provêm da dieta do animal. Todos os ácidos gordos de 18 carbonos provêm da dieta do animal. Há mudanças sistemáticas na composição da gordura do leite que são devidas ao estágio da lactação e às necessidades energéticas do animal. No início da lactação, a energia do animal provém em grande parte das reservas corporais e há poucos ácidos gordos disponíveis para a síntese de gordura, pelo que os ácidos gordos utilizados para a produção de gordura do leite são obtidos a partir da dieta e tendem a ser os ácidos gordos de cadeia mais longa 16:0, 18:0, 16:1 e 18:2. No final da lactação, mais ácidos gordos do leite são formados na glândula mamária, pelo que a concentração de ácidos gordos de cadeia curta, como o 4:0 e o 6:0, é mais elevada do que no início da lactação. Estas alterações na composição dos ácidos gordos não têm um grande impacto nas propriedades nutricionais do leite, mas podem ter algum efeito nas características de processamento de produtos como a manteiga.

A gordura do leite contém aproximadamente 65% de ácidos gordos saturados, 30% de ácidos gordos monoinsaturados e 5% de ácidos gordos polinsaturados. Do ponto de vista nutricional, nem todos os ácidos gordos são iguais. Os ácidos gordos saturados estão associados a níveis elevados de colesterol no sangue e a doenças cardíacas. No entanto, os ácidos gordos de cadeia curta (4 a 8 carbonos) são metabolizados de forma diferente dos ácidos gordos de cadeia longa (16 a 18 carbonos) e não são considerados um fator de doença cardíaca.

De acordo com Kanda, os efeitos do leite desnatado e das suas fracções proteicas (caseína, soro de leite, globulina e albumina) na lesão e inativação de **Escherichia coli** K-12 por tratamento de alta pressão hidrostática (HHP). O efeito protetor do leite desnatado na inativação mediada por HHP e na lesão de **E. coli** aumentou com o aumento da concentração de leite desnatado. No entanto, as fracções proteicas derivadas do leite desnatado não apresentaram este efeito protetor. A análise microscópica por coloração DAPI/PI indicou que algumas células estavam localizadas na porção sólida do leite desnatado e algumas dessas células estavam vivas. A fração coagulada derivada da fração de soro de leite autoclavado também mostrou um efeito protetor significativo.

Salama (1990) descreveu a produção de seis ácidos orgânicos (butírico, propiónico, acético, fórmico, lático e succínico) durante a fermentação do Kishk. Os seus níveis aumentaram até ao sexto dia de fermentação, exceto o ácido succínico, que diminuiu após o quinto e o terceiro dias de fermentação do leite desnatado e do Rayeb Kishk, respetivamente. O ácido lático teve a taxa de incremento mais elevada, enquanto o ácido fórmico teve a mais baixa. O teor de aminoácidos livres aumentou durante a fermentação. Estes resultados correlacionam-se bastante bem com o crescimento de bactérias lácticas e proteolíticas, bem como com o desenvolvimento da acidez durante a fermentação. A substituição do leite Rayeb por leite desnatado na preparação do Kishk produziu um produto de sopa aceitável. O desenvolvimento de ácidos orgânicos durante a fermentação do Kishk foi comparado com os valores estabelecidos para a aceitabilidade da sopa Kishk.

O leite condensado tem quase a mesma química que o leite normal, mas a diferença está no leite normal. A composição de gordura e lactose é quase o dobro e, relativamente à sua história, é frequente, mas erradamente, afirmar-se que Gail Borden foi o inventor do leite condensado. No entanto, tal não é verdade. O processo de condensação do leite é uma invenção europeia e não americana, pois muito antes de Gail Borden já eram conhecidos em França leites condensados preparados por vários processos. Assim, o de Adolphe Anaclet Nalbec (1S26), Braconnot (1830), Grimaud (1835), J. M. de Lignac (1847). Simultaneamente, este assunto foi objeto de atenção na Alemanha e em Inglaterra. A patente de Gail Borden data do ano de 1856. Ele não pode, portanto, ser chamado de inventor do leite condensado; mas a ele pertence o mérito de ter preparado pela primeira vez o leite condensado por um processo racional e numa forma praticável. Nos anos seguintes, este processo foi empregue pela primeira vez nos Estados Unidos, mas a sua utilização estendeu-se rapidamente a outros países.

A Suíça, a Inglaterra, a Alemanha e muitos outros países possuem agora estabelecimentos que fabricam este produto moderno, que, como parte do queijo e da manteiga, é atualmente não só o alimento lácteo mais popular, mas também o que encontra mais consumidores de dia para dia. O leite condensado com açúcar chega ao mercado embalado em caixas de lata com 450 a 500 gramas do produto. Este leite condensado, evaporado, com a adição de mais ou menos açúcar, numa panela a vácuo, contém, se o processo for corretamente executado, todos os constituintes do leite inalterados no que diz respeito às suas propriedades químicas e físicas; difere do leite de vaca apenas por ter perdido alguma da água e todo o sabor natural do leite.

De acordo com a estação do ano em que este leite é fabricado, a cor do produto difere. Obtém-se mais branco durante o inverno e mais amarelo durante o verão. Condensado na medida certa, tem a consistência de mel e deve, mesmo depois de abertas as caixas, manter-se em bom estado, sem alterações. Em tais circunstâncias, deve formar uma pele, constituída apenas por componentes secos do leite e cristais de açúcar, enquanto o leite subjacente deve permanecer inalterado. Por vezes, este leite apresenta a consistência de queijo. Isto acontece quando a condensação é demasiado forte. Apresenta então, frequentemente, odor e sabor a manteiga rançosa. Este leite não é completamente desintegrado pela água. (Dr. Nicholas. Gerber, 1882)

Os principais objectivos do fabrico de leite condensado são: (i) a conservação do leite e (b) a redução do volume para efeitos de transporte a longa distância. A conservação do leite é conseguida controlando o crescimento e a atividade das bactérias através da seleção de leite de boa qualidade e da concentração dos sólidos de açúcar de forma a aumentar a pressão osmótica, impedindo assim a multiplicação bacteriana.

Tipos de leite condensado

O termo "leite condensado" é geralmente utilizado quando se refere ao leite condensado adoçado completo, enquanto o termo leite evaporado é geralmente utilizado quando se refere ao leite condensado não adoçado completo. Os produtos lácteos desnatados são conhecidos como leite condensado desnatado adoçado e leite condensado desnatado não adoçado, respetivamente. O rácio de concentração dos sólidos do leite é de cerca de 1:2,5 para os produtos de creme completo e de 1:3 para o leite condensado magro. De acordo com as regras da PFA (Prevenção da Adulteração de Alimentos) (1976), os vários tipos de leites condensados foram especificados.

Leite condensado sem açúcar

O leite condensado sem açúcar é também designado por leite evaporado. Trata-se do produto obtido a partir do leite de vaca ou de búfala, ou de uma combinação destes, por eliminação parcial da água. Pode conter cálcio, cloreto, ácido cítrico, citrato de sódio, sais de sódio do ácido ortofosfórico e do ácido polifosfórico adicionados, não excedendo 0,3% em peso do produto acabado. O leite condensado não adoçado deve conter, no mínimo, 8,0% de matéria gorda láctea e, no mínimo, 26,0% de matéria seca láctea.

Leite condensado

O leite condensado adoçado é o produto obtido a partir de leite de vaca ou de búfala, ou de uma combinação destes, por eliminação parcial da água após adição de açúcar de cana. Pode conter lactose refinada adicionada, cloreto de cálcio, ácido cítrico e citrato de sódio, sais de sódio do ácido ortofosfórico e do ácido polifosfórico, não excedendo 0,3%, em peso, do produto acabado. O leite condensado adoçado deve conter pelo menos 9,0% de matéria gorda láctea, pelo menos 31,0% de sólidos totais do leite e pelo menos 40,0% de açúcar de cana.

Leite condensado magro sem açúcar

O leite condensado desnatado sem açúcar é também conhecido como leite desnatado evaporado. Trata-se do produto obtido a partir de leite desnatado de vaca ou de búfala, ou de uma combinação destes, por eliminação parcial da água. Pode conter cloreto de cálcio, ácido cítrico e citrato de sódio, sais de sódio do ácido ortofosfórico e ácido polifosfórico adicionados, não excedendo 0,3% em peso do produto acabado. O leite condensado desnatado sem açúcar deve conter pelo menos 20,0% de sólidos totais do leite. O teor de matéria gorda não deve exceder 0,5% em peso.

Leite condensado magro adoçado

O leite condensado desnatado adoçado é o produto obtido a partir de leite desnatado de vaca ou de búfala ou de uma combinação destes produtos, por eliminação parcial de água e após adição de açúcar de cana. Pode conter lactose refinada adicionada, cloreto de cálcio, ácido cítrico e citrato de sódio, sais de sódio do ácido ortofosfórico e do ácido polifosfórico, não excedendo 0,3%, em peso, do produto acabado. O leite condensado desnatado adoçado deve conter, no mínimo, 26,0% de sólidos totais do leite e, no mínimo, 40,0% de açúcar de cana. O teor de matéria gorda não deve exceder 0,5% em peso.

Métodos de fabrico

O princípio básico por detrás da produção de leite condensado é que o leite de alta qualidade é filtrado, normalizado, aquecido e condensado até ao nível desejado. O produto concentrado é apresentado pela adição de açúcar para o leite condensado e pela esterilização por calor para o leite evaporado. É apresentado aqui um fluxograma das várias etapas envolvidas no fabrico.

Receiving milk

↓

Filtration/clarification (pre-heating) (38-400C)

↓

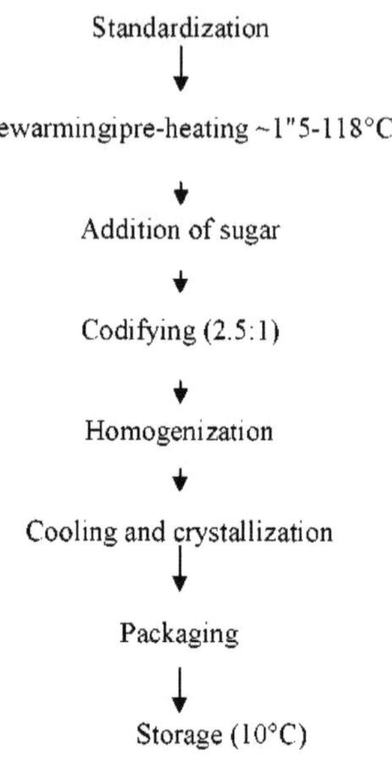

Todas estas etapas são analisadas aqui separadamente.

1. Receber leite

Quando o leite é recebido na fábrica, a sua temperatura deve ser de cerca de 10° C '(50° F) ou inferior. O leite deve ser limpo, doce, isento de sabores ou odores estranhos e razoavelmente isento de matérias estranhas. Não deve ser aceite qualquer leite anormal. O desenvolvimento de acidez no leite é considerado censurável, não só porque indica uma contagem excessiva de bactérias, mas também porque reduz a estabilidade térmica do leite.

2. Filtração/clarificação (pré-aquecimento)

A filtração do leite recolhido é efectuada para remover matérias estranhas visíveis. O leite é geralmente pré-aquecido a 35-40° C para aumentar a eficiência da operação. Depois, é arrefecido para preservar a sua qualidade.

3. Normalização

Isto é efectuado para manter as normas legais no produto acabado. A normalização do leite cru é normalmente efectuada em três fases. Estas são mencionadas a seguir.

a) Na primeira fase da normalização, é estabelecida a proporção desejada de gorduras e sólidos não gordos. Normalmente é de 1:2,44.

b) A segunda etapa da padronização estabelece a proporção desejada de açúcar adicionado em relação ao total de sólidos do leite.

c) A terceira e última fase ajusta a concentração do leite condensado acabado para a percentagem desejada de sólidos totais.

4. Aquecimento prévio/pré-aquecimento

Trata-se do aquecimento do leite padronizado antes de ser condensado e tem as seguintes finalidades

a) para garantir que o produto acabado está isento de microrganismos e enzimas;

b) para assegurar uma ebulição ininterrupta no recipiente de vácuo;

c) para proporcionar um meio eficaz de controlar o espessamento de idade censurável no produto acabado.

A combinação de temperatura e tempo de aquecimento prévio/pré-aquecimento estende-se por uma vasta gama, tal como 82 a 93°C (180 a 200°F) durante 5 a 15 minutos, ou 116 a 149°C durante 0,5 a 5 minutos. A temperatura exacta e o tempo de aquecimento são controlados de forma a proporcionar uma viscosidade óptima no produto fabricado sem induzir um espessamento ou afinamento excessivo durante o armazenamento.

5. Adição de açúcar

O açúcar é adicionado com o objetivo de conservar o leite condensado sem recorrer à esterilização pelo calor. Geralmente, é adicionada sacarose, que provou ser a mais adequada. Pode apresentar-se sob a forma de açúcar de cana ou de beterraba altamente refinado. Outros agentes edulcorantes, como os sólidos de xarope de milho, a glucose e a dextrose, também têm sido utilizados para substituir o açúcar em 5 a 25 por cento. As desvantagens destes agentes edulcorantes são a sua reduzida capacidade de adoçar em comparação com a sacarose e os seus efeitos adversos na cor e na taxa de espessamento durante o armazenamento. A quantidade de açúcar varia de 40 a 45% no produto acabado, o que requer 18 a 20% de açúcar na base do leite.

6. Condensação

O princípio básico consiste na remoção da água do leite padronizado, fervendo-o sob vácuo parcial a uma temperatura baixa até atingir a concentração desejada. As principais vantagens da condensação do leite no vácuo são a economia de operação, a rapidez da evaporação e a proteção do leite contra danos causados pelo calor. A condensação a vácuo atinge o objetivo de obter um produto acabado isento de quaisquer sabores cozinhados e que pode ser facilmente reconstituído no leite original. A evaporação do leite (condensação) é efectuada a uma temperatura de 130° C a 145°C. A temperatura do vácuo e a densidade do leite são observadas de perto durante todo o processo.

7. Homogeneização

O leite quente e condensado é invariavelmente homogeneizado antes de ser arrefecido e cristalizado. O objetivo é obter uma emulsão de gordura uniforme e reduzir ao mínimo a separação da gordura durante o armazenamento. Um tipo especial de homogeneizador adequado para manusear um produto altamente viscoso é utilizado a uma pressão total de 2500 psi.

8. Arrefecimento e cristalização

O leite condensado é então arrefecido. Este passo é muito importante no fabrico de um leite condensado comercializável; o arrefecimento rápido é desejável para retardar a tendência de engrossamento e descoloração, que é acelerada pela exposição prolongada ao calor.

Se a taxa de arrefecimento não for cuidadosamente regulada, os cristais de lactose formados podem ser bastante grandes, resultando em produtos "granulosos" ou "arenosos". O objetivo principal é regular o arrefecimento de forma a que a lactose se cristalize num grande número de cristais extremamente pequenos. Este facto é geralmente verificado por exame microscópico.

A semeadura refere-se à introdução de lactose em forma de pó muito fino durante o processo de arrefecimento para fornecer núcleos para a cristalização. O objetivo da sementeira é dar à lactose, se presente no estado supersaturado, um incentivo adicional para cristalizar.

É prática corrente semear este processo de cristalização adicionando uma quantidade de beta-lactose finamente moída ou uma quantidade de leite condensado cristalizado arrefecido. Cada cristal adicionado constitui um núcleo à volta do qual o açúcar no produto cristaliza depois no arrefecimento. Quanto mais numerosa for a formação destes cristais, mais pequenos serão os cristais finais.

O produto é arrefecido até cerca de 320° C a 290° C e semeado. É agitado vigorosamente a esta temperatura, ou enquanto é arrefecido muito lentamente até cerca de 240° C. Este processo deve demorar cerca de uma hora. Em seguida, arrefece-se até 15,5° C ou menos, continuando a agitação. O arrefecimento e a agitação devem continuar durante um período de uma a três horas.

9. Embalagem

O leite condensado está agora pronto para ser embalado. O leite condensado é embalado a granel em latas, barris ou tambores de aço de vários tamanhos, tambores com revestimentos de polietileno ou recipientes de estanho, e depois enchido em latas mais pequenas por uma máquina de enchimento do tipo deslocador de êmbolo. As latas são de tipo aberto e são fechadas por tampas de dupla costura com uma máquina automática de fecho de latas. Todas as latas, latas, etc. devem ser cuidadosamente esterilizadas, uma vez que são a fonte mais comum de contaminação por leveduras e bolores que estão activos mesmo no leite condensado adoçado. Após o enchimento, as latas são seladas e embaladas com rótulos, indicando o número de lote, a data de fabrico, o nome do condensador, o peso líquido, etc., para armazenamento e distribuição.

As latas para venda a retalho são enchidas com máquinas de enchimento automáticas. É importante encher as latas completamente, de modo a excluir o máximo possível de ar do recipiente. Uma vez que as latas cheias com leite condensado não são submetidas a qualquer esterilização subsequente, devem ser observadas condições sanitárias rigorosas durante o processo de enchimento, de modo a evitar a contaminação, que afectará negativamente a qualidade de conservação do produto acabado.

10. Armazenamento

O principal fator a ter em conta na armazenagem do leite condensado é a temperatura de armazenagem, que deve ser de molde a evitar certos defeitos, como a formação de areia, a separação do açúcar e as alterações de viscosidade. Durante o armazenamento, uma grande variação de temperatura pode aumentar a tendência para a formação de areia. Uma temperatura de armazenamento muito baixa, como O° C (32°F) ou inferior, pode não só causar arenosidade mas também induzir a separação do açúcar (sacarose). O armazenamento em local fresco é importante para evitar alterações na viscosidade.

A tendência nos últimos anos tem sido armazenar o leite condensado a 10°C (50° F) ou ligeiramente abaixo. Além disso, a humidade do ar circundante deve ser baixa (inferior a 50%), a fim de controlar a deterioração das latas e dos rótulos. No entanto, envolve custos de instalação elevados e exige um controlo técnico cuidadoso.

CAPÍTULO 3

MATERIAL, MÉTODOS E TRABALHO EXPERIMENTAL

MATERIAL

Amostra de material

Foram utilizadas como material amostras de leite de vaca fresco desnatado, leite condensado e leite liofilizado.

Recolha de amostras

1. Foi recolhida uma amostra (1,5 litros) de leite de vaca da Pattoki Dairy Form.
2. Foi recolhida uma amostra de leite condensado (3 x 400 g) numa loja de departamentos situada em Lahore.
3. O leite condensado liofilizado (1200 g) foi preparado no Conselho de Ciência e Investigação Industrial do Paquistão (PCSIR).

Aparelhos

Durante o trabalho de investigação, foram utilizados os seguintes aparelhos.

1. Bolbo de digestão
2. Copos
3. Pipeta
4. Balão cónico
5. Cilindro de medição
6. Cadinhos
7. Banho de água
8. Placas de Petri
9. Balão cónico
10. Bureta
11. Aparelho de Kjeldahl
12. Dessecadores
13. Pipeta digital

Produtos químicos

Durante o trabalho de investigação foram utilizados os seguintes produtos químicos.

1. Comprimidos para a digestão
2. Água destilada
3. Álcool isoamílico
4. Ácido bórico

Reagentes

Foram utilizados os seguintes reagentes durante o trabalho de investigação.

1. Hidróxido de sódio (NaOH) 0,1 N

2. Indicador de fenolftaleína

3. Solução tampão de pH 4 e pH 9

4. Solução de Benedict

5. Soluções Fehling A & B

6. Solução de ácido clorídrico (HCl) 2 M

7. Solução de hidróxido de sódio (NaOH) a 40%

8. Solução de ácido bórico a 2%

9. Hidróxido de cálcio Ca(OH)2 10%

10. Solução concentrada de ácido sulfúrico (H2 SO4) 90 a 95%

11. Ácido clorídrico (HCl) N/70

Instrumentos/Equipamentos

Foram utilizados os seguintes instrumentos/equipamentos durante o trabalho de investigação.

1. Máquina Gerber

2. Lactómetro

3. Butirómetro

4. Balança digital

5. Forno de mufla

6. Forno

7. Medidor de pH

Preparação de leite condensado liofilizado

O leite de vaca foi desidratado e colocado no frigorífico durante 24 horas. No dia seguinte, a humidade foi verificada e depois foi colocado no liofilizador durante 1 hora. A humidade foi verificada de novo e de novo após o intervalo regular de 1 hora. Após um período de cinco horas, a humidade desceu para 30%, de acordo com o valor padrão dos EUA. O leite condensado liofilizado foi enlatado em 3 latas de 400 gramas.

PARÂMETROS

Foram estudados/verificados os seguintes parâmetros

1. Determinação do teor de humidade

2. Determinação do teor de cinzas

3. Determinação do teor de gordura

4. Determinação do teor de proteínas

5. Determinação do teor de lactose

6. Determinação do teor de matéria seca sem gordura (SNF)

1. Determinação do teor de humidade

Para o efeito, utiliza-se o método de secagem no forno proposto pela Association Of Official Analytical

Chemists (AOAC, 2005).

5 mL de amostra de leite normal e 5 g de amostra de cada leite condensado foram colocados em 3 cadinhos pré-pesados secos diferentes. Os cadinhos foram colocados em estufa a 105°C durante a noite e depois retirados da estufa, arrefecidos em exsicadores e depois pesados. A diferença na leitura foi anotada como percentagem de humidade.

Os teores de humidade das amostras de leite foram calculados pela seguinte fórmula:

$$\text{Moisture \%age} = \frac{\text{Weight of fresh sample} - \text{Weight of sample after drying}}{\text{Weight of sample}} \times 100$$

2. Determinação do teor de cinzas

Para o efeito, utilizou-se o método proposto pela Association Of Official Analytical Chemists (AOAC, 2005). Foram colhidas amostras de 5 mL de leite normal e 2,5 g de cada um dos leites condensados (ambos) em cadinhos secos e previamente pesados. Depois de batidas, as amostras foram colocadas na mufla durante a noite e, em seguida, os cadinhos foram arrefecidos em exsicadores. Os cadinhos foram novamente pesados e anotou-se o valor como percentagem de cinzas.

Os cálculos foram efectuados através da seguinte fórmula:

$$\text{Ash \%age} = \frac{\text{Weight of crucible and ash} - \text{Weight of empty crucible}}{\text{Weight of sample}} \times 100$$

3. Determinação do teor de gordura

Leite de vaca

O teor de gordura do leite de vaca foi determinado pelo método Gerber proposto pela Association of Official Analytical Chemists (AOAC, 2005).

10 mL de ácido sulfúrico foram vertidos sucessivamente no butirómetro. Em seguida, foram adicionados 2 mL de água destilada, 10,6 mL de amostra de leite e 1 mL de álcool isoamílico e misturados cuidadosamente. O butirómetro foi introduzido na máquina de centrifugação Gerber e centrifugado durante 19 minutos a 500 rpm. A coluna de gordura no gargalo do butirómetro foi anotada e mencionada no capítulo seguinte.

Leite condensado comercial

O teor de gordura do leite condensado foi determinado pelo método Gerber proposto pela Association of Official Analytical Chemists (AOAC, 2005).

Preparou-se 10,6 mL de uma solução a 10% de leite condensado no butirómetro e verteu-se sucessivamente 10 mL de ácido sulfúrico. De seguida, adicionaram-se 2 mL de água destilada e 1 mL de álcool isoamílico e misturou-se bem o conteúdo. O butirómetro foi inserido na máquina de centrifugação Gerber e centrifugado durante 19 minutos a 500 rpm. A coluna de gordura no gargalo do butirómetro foi anotada e mencionada no capítulo seguinte.

Leite condensado liofilizado

O teor de gordura do leite condensado liofilizado foi determinado pelo método Gerber proposto pela Association of Official Analytical Chemists (AOAC, 2005).

Preparou-se uma solução a 10% de leite condensado e verteu-se sucessivamente 10 mL de ácido sulfúrico no butirómetro. Em seguida, foram adicionados 2 mL de água destilada, 10,6 mL da amostra de solução a 10% de leite condensado e 1 mL de álcool isoamílico e misturou-se bem o conteúdo. O butirómetro foi inserido na máquina de centrifugação Gerber e centrifugado durante 19 minutos a 500 rpm. A coluna de gordura no gargalo do butirómetro foi anotada e mencionada no capítulo seguinte.

4. Determinação do teor de azoto (proteínas)

Para o efeito, utilizou-se o aparelho de Kjeldahl, um método proposto pela Association of Official Analytical Chemists (AOAC, 2005).

2,5 g de amostra de cada leite condensado e 5 mL de amostra de leite normal foram recolhidos em três bolbos de digestão diferentes e mantidos na estufa durante a noite para secagem. 18 mL de H2SO4 foram adicionados em cada bolbo de digestão para uma digestão completa e, em seguida, aqueceu-se os bolbos de digestão durante 4-5 horas no queimador para que a amostra se tornasse transparente. O volume da amostra foi aumentado para 100 mL com água destilada. 5 mL desta solução de amostra e 10 mL de NaOH 0,1 N foram introduzidos no balão e, em seguida, o balão foi ligado ao aparelho de Kjeldahl para destilação. Também foram adicionados 10 ml de ácido bórico (2%) ao copo e, em seguida, este foi ligado ao aparelho de Kjeldahl. Em seguida, manteve-se no queimador e iniciou-se a destilação. O ácido bórico tornou-se incolor após 5-7 minutos. Após a destilação, titulou-se cada amostra contra o ácido padrão HCl (N/70) até ao aparecimento da cor rosa, que era o ponto final. A leitura foi registada como percentagem de gás N2.

A percentagem de proteínas foi calculada através da seguinte fórmula:

$$\text{N \%age} = \frac{\text{Titrate} \times 20}{5} = (A) \text{ mg N}$$

$$\text{N \%age} = \frac{(A) \times 100}{5} = (B) \text{ mg N}$$

$$\text{N \%age} = \frac{(B)}{1000} = (C) \text{ g N}$$

Percentagem de proteínas = (C) x 6,38 (Fator Lácteo) = (D) %

5. Determinação da lactose em amostras de leite

Para o efeito, utilizou-se o método de Benedict, proposto pela Association Of Official Analytical Chemists (AOAC, 2005).

2,5 g de amostra de ambos os leites condensados e 5 mL de amostra de leite normal foram recolhidos separadamente por pesagem nos três copos. 45 mL de água destilada e 1 mL de HCl 6 N foram adicionadas à amostra e, em seguida, a amostra foi fervida durante 3-5 minutos. Em seguida, arrefeceu-se e neutralizou-se a amostra com NaOH a 20% (cerca de 7 gotas numa pipeta de 10 mL) e fez-se o volume de cada amostra até 100 mL. Filtrou-a e adicionou-a à bureta. Colocou 5 mL da solução de Benedict no balão e adicionou 45 mL de água destilada, completou o volume para 50 mL e ferveu durante 3-5 minutos. Depois disso, titulou-se com a solução da bureta para obter uma solução incolor como ponto final.

6. Determinação de sólidos não gordos (SNF)

Para o efeito, utilizou-se o método proposto pela Association Of Official Analytical Chemists (AOAC, 2005).

500 mL de leite foram colocados num copo num banho de água a 80°C. A temperatura de cada amostra de leite foi mantida a 20°C. Verter suavemente as amostras em cilindros graduados separados e introduzir três lactómetros nos três cilindros. Em seguida, deixar flutuar livremente. Após 15 segundos, anotou-se a graduação no topo do menisco formado pelo leite na leitura da haste do lactómetro para cada amostra.

O valor de SNF foi calculado utilizando a seguinte fórmula:

$$\text{SNF \%age} = \frac{\text{Lactometer reading}}{4} + (0.22 \times \text{fat}) + 0.72$$

CAPÍTULO 4
RESULTADOS E DISCUSSÃO

Os resultados relativos aos seguintes parâmetros são mencionados neste capítulo.

1. Teor de humidade

2. Conteúdo de cinzas

3. Teor de gordura

4. Teor de proteínas

5. Teor de lactose

6. Conteúdo de sólidos não gordos (SNF)

Análise do leite de vaca normal

A análise do leite de vaca permitiu obter os seguintes resultados.

Tabela - 4.1: Resultados percentuais do leite de vaca normal

No. of Observations	Protein (%)	Lactose (%)	Ash (%)	Moisture (%)	Fat (%)	SNF (%)
1.	3.10	4.60	0.71	85.53	3.40	8.87
2.	3.30	4.50	0.69	85.85	3.20	8.76
3.	3.00	4.70	0.72	85.34	3.30	8.83
Mean	**3.13**	**4.60**	**0.70**	**85.57**	**3.32**	**8.82**

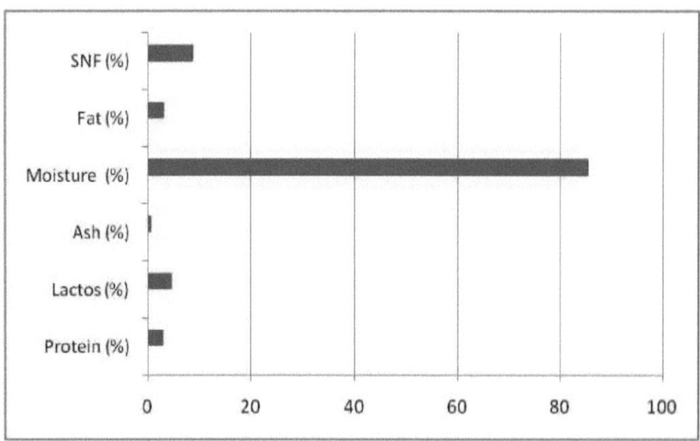

Figura - 4.1: Resultados percentuais

Esta tabela e gráfico mostram que no leite de vaca normal há 3,13% de proteína, 4,60% de lactose, 0,70% de cinzas, 85,57% de humidade, 3,32% de gordura e 8,82% de SNF. Podemos ver que o leite de vaca normal tem um valor elevado de humidade.

Análise do leite condensado evaporado

A análise do leite condensado comercial permitiu obter os seguintes resultados.

Tabela - 4.2: Resultados percentuais

No. of Observations	Protein (%)	Lactose (%)	Ash (%)	Moisture (%)	Fat (%)	SNF (%)
1.	8.30	12.20	1.20	26.7	8.60	22.50
2.	8.10	12.00	1.70	26.4	8.20	23.80
3.	9.60	12.60	1.50	27.8	9.50	22.10
Mean	**8.66**	**12.26**	**1.460**	**26.96**	**8.76**	**22.80**

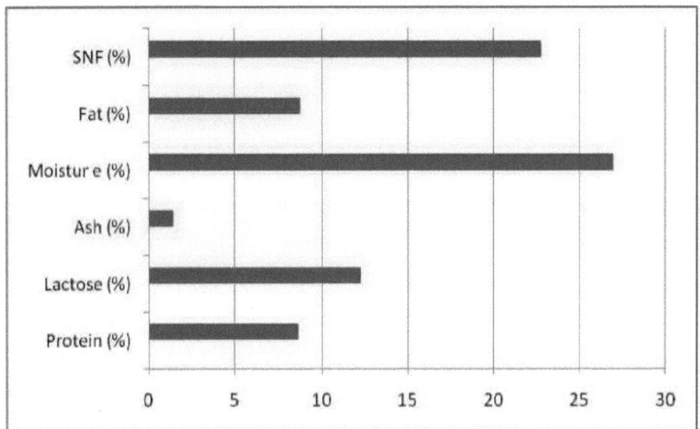

Figura - 4.2: Resultados percentuais

Estes dados indicaram que no leite condensado evaporado havia 8,66% de proteína, 12,26% de lactose, 1,46% de cinzas, 26,96% de humidade, 8,76% de gordura e 22,80% de SNF. Foram observados valores elevados para os teores de humidade, cinzas, gordura, proteínas, lactose e sólidos não gordos (SNF) no leite condensado evaporado, em vez do leite de vaca normal, sendo que a percentagem de humidade era elevada no leite de vaca normal.

Análise do leite condensado liofilizado

A análise do leite condensado fabricado em laboratório permitiu obter os seguintes resultados.

Tabela - 4.3: Resultados percentuais

No. of Observations	Protein (%)	Lactose (%)	Ash (%)	Moisture (%)	Fat (%)	SNF (%)
1.	9.00	7.50	1.50	31.50	10.20	24.50
2.	8.60	7.80	1.40	31.10	10.90	23.40
3.	8.80	7.20	1.40	30.80	9.60	23.80
Mean	**8.80**	**7.50**	**1.43**	**31.13**	**10.23**	**23.90**

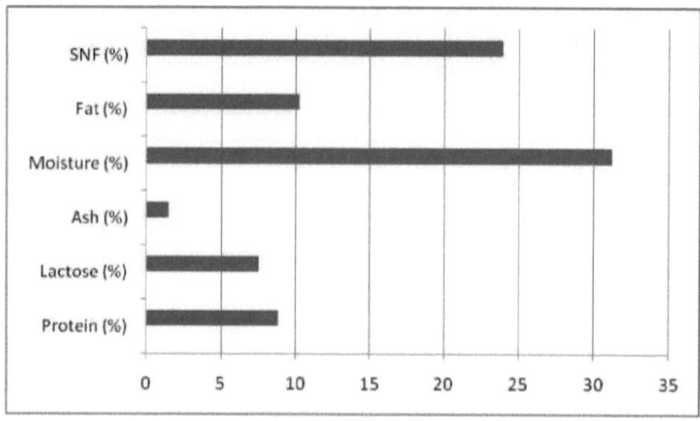

Figura - 4.3: Resultados percentuais

Esta tabela e gráfico mostram que no leite condensado liofilizado há 8,80% de proteína, 7,50% de lactose, 1,43% de cinzas, 31,13% de humidade, 10,23% de gordura e 23,90% de SNF. Podemos ver que o leite de vaca normal tem um valor elevado de humidade do que o leite condensado evaporado e o leite condensado liofilizado, mas os restantes cinco parâmetros têm valores percentuais elevados do que o leite de vaca normal.

Os quadros e gráficos acima apresentados mostram seis parâmetros: Proteína, Lactose, Cinzas, Humidade, Gordura, SNF. Estes parâmetros podem ser facilmente compreendidos através de um olhar sobre as tabelas. Como temos três tipos de leites, também comparámos os valores destes seis parâmetros uns com os outros, uma vez que os valores comparados são apresentados na tabela 4.4 abaixo:

Tabela - 4.4: Resultados percentuais

Type of Milk	PROTEIN (%)	LACTOSE (%)	ASH (%)	MOISTURE (%)	FAT (%)	SNF (%)
Normal Milk	3.13	4.60	0.71	85.57	3.32	8.82
Evaporated Condensed Milk	8.66	12.26	1.46	26.96	8.76	22.8
Freeze Dried Condensed Milk	8.80	7.50	1.43	31.13	10.23	23.90

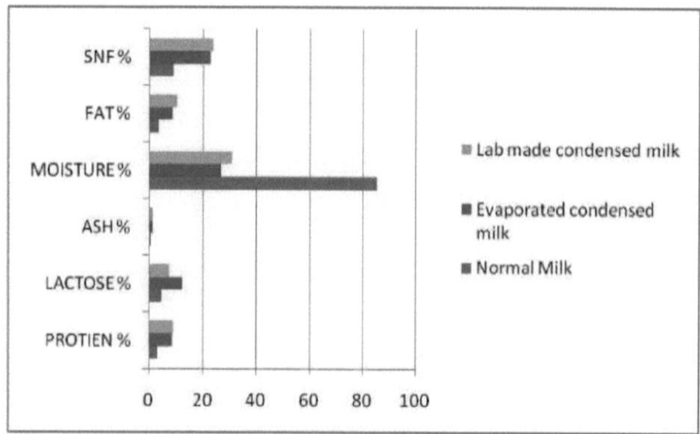

F igura - 4.4: Resultados percentuais

Observou-se que o leite condensado evaporado e o leite condensado liofilizado possuíam um elevado valor nutricional. Era rico em gordura e em vitaminas lipossolúveis como A, D, E e K, em proteínas para a construção do corpo, em minerais para a formação de ossos e em lactose, que fornece energia. O leite condensado é especialmente rico em sacarose, que fornece energia, e o leite evaporado é adequado para a alimentação infantil, uma vez que produz uma coalhada macia que é facilmente digerida.

Os teores de proteína total foram de 3,13%, 8,66% e 8,80% no leite de vaca normal, no leite condensado evaporado e no leite condensado liofilizado, respetivamente, o que foi correlacionado com os valores padrão dos EUA de 3,25%, 8,90% e 9,00%. Assim, a ordem decrescente dos teores de proteínas totais passou a ser:

Leite condensado liofilizado (8,80%) > Leite condensado evaporado (8,66%) > Leite de vaca normal (3,13%).

Por conseguinte, o leite condensado liofilizado foi melhor do que o leite condensado evaporado e o leite de vaca normalizado no que diz respeito aos valores do teor proteico.

Os teores de lactose no leite condensado liofilizado, no leite condensado evaporado e no leite de vaca normal foram de 7,50%, 12,26% e 4,80%, respetivamente, que foram correlacionados com os valores padrão dos EUA 8,00%, 12,00% e 5,25%. Assim, a ordem decrescente dos teores totais de lactose foi a seguinte

Leite condensado evaporado (12,00%) > Leite condensado liofilizado (8,00%) > Leite de vaca normal (4,80%).

Por conseguinte, o leite condensado evaporado é melhor do que o leite condensado liofilizado e o leite de vaca normal no que respeita aos valores do teor de lactose.

O conteúdo de cinzas no leite condensado aumentou com a diminuição da humidade. O teor de cinzas no leite de vaca normal é de 0,71%, no leite condensado evaporado é de 1,43% e no leite condensado liofilizado é de 1,46%, o que é semelhante aos valores padrão dos EUA 0,85%, 1,40% e 1,45%. Isto mostra que o leite condensado liofilizado contém uma elevada percentagem de cinzas do que o leite condensado evaporado e o leite de vaca normal. A ordem decrescente do teor de cinzas é a seguinte

Leite condensado liofilizado (1,46%) > leite condensado evaporado (1,43%) > leite de vaca normal (0,71%).

O teor de humidade no leite de vaca normal, leite condensado e leite condensado liofilizado é de 85,57%, no leite condensado evaporado é de 26,96% e no leite condensado liofilizado o teor de humidade é de 31,13%. A ordem decrescente do teor de humidade é a seguinte

Leite de vaca normal (85,57%) > Leite condensado liofilizado (31,13%) > Leite condensado evaporado (26,96%).

Isto mostra que o leite normal contém uma percentagem de humidade mais elevada do que os dois tipos de leite condensado e que o leite condensado liofilizado contém uma percentagem de humidade mais elevada do que o leite condensado evaporado.

O teor de gordura no leite de vaca normal é de 3,32%, no leite condensado evaporado é de 8,76% e no leite condensado liofilizado o teor de gordura é de 10,23%. A ordem decrescente do teor de gordura é a seguinte

Leite condensado liofilizado (10,23%) > Leite condensado evaporado (8,76%) > Leite de vaca normal (3,32%).

Isto mostra que o leite condensado liofilizado contém uma elevada percentagem de gordura do que o leite de vaca normal e o leite condensado evaporado. A gordura do leite confere um sabor rico e agradável, um corpo macio e uma textura suave aos leites condensados e evaporados. Afecta a viscosidade.

CAPÍTULO 5
RESUMO E CONCLUSÕES

RESUMO

O título da investigação deste estudo foi "Avaliação comparativa do leite condensado liofilizado e do leite condensado evaporado". O objetivo era comparar os valores nutricionais e outros parâmetros do leite normal, do leite condensado e do leite condensado evaporado. O leite é um elemento muito importante para o crescimento neonatal. O leite condensado é composto por 70% da proteína total do leite, gordura e lactose. Nesta investigação, o leite condensado foi preparado a partir do leite. A composição nutricional (lactose, proteínas, lípidos) varia devido a factores ambientais e métodos. Foram optimizadas as condições para a recuperação máxima do leite condensado. Isto foi feito com a ajuda de um liofilizador. Foi determinado que o leite condensado preparado por liofilizador era muito mais rico nutricionalmente do que o leite e o leite condensado preparado por processo de evaporação, que está disponível comercialmente nos mercados. Foram utilizadas como material amostras de leite de vaca fresco desnatado, leite condensado e leite liofilizado. A amostra (1,5 litro) de leite de vaca foi recolhida na Pattoki Dairy Form. A amostra de leite condensado (3 x 400 g) foi recolhida numa loja de departamentos situada em Lahore. O leite condensado liofilizado (1200 g) foi preparado no Conselho de Ciência e Investigação Industrial do Paquistão (PCSIR). O leite de vaca foi descongelado e colocado no frigorífico durante 24 horas. No dia seguinte, a humidade foi verificada e depois foi colocado no liofilizador durante 1 hora. A humidade foi verificada uma e outra vez após o intervalo regular de 1 hora. Quando a humidade atingiu o valor padrão dos EUA, o leite condensado liofilizado foi enlatado em 3 latas de 400 gramas. Os parâmetros, ou seja, humidade, cinzas, gordura, proteína, lactose, sólidos não gordos (SNF) foram estudados/verificados de acordo com a Association Of Official Analytical Chemists (AOAC, 2005). Os resultados foram comparados com o leite e com o leite condensado disponível no mercado e depois discutidos com o meu supervisor de investigação.

CONCLUSÕES

A partir desta investigação, concluí que existe uma diferença mínima de valores de conteúdo entre os tipos de leite discutidos. Os resultados mostram que o leite condensado feito em laboratório, preparado por liofilizador, contém uma percentagem mais elevada de componentes de proteína, humidade e cinzas do que o outro tipo de leite condensado, que é preparado por processo de evaporação e normalmente disponível no mercado. O leite condensado disponível no mercado contém a percentagem mais elevada de lactose do que os outros dois tipos de leite, uma vez que é adoçado artificialmente em certa medida. O leite condensado fabricado em laboratório, preparado por liofilizador, contém a percentagem mais elevada de teor de gordura. Os resultados também mostram que o leite condensado fabricado em laboratório, preparado por liofilizador, contém a percentagem mais elevada de componentes proteicos e de cinzas do que as outras duas raças. O resultado do presente estudo indica que o leite condensado preparado por liofilizador tem boa qualidade nutritiva e pode ser uma boa fonte de nutrientes na dieta humana do que os outros dois tipos de leite. A análise de ambos os tipos de leite no que respeita às vitaminas mantém-se até à data. O leite condensado também pode ser utilizado como fonte de alimentação para a população do Paquistão.

Os leites condensados ocupam um lugar importante na alimentação humana. Este tipo de leite tem várias utilizações.

1. Os leites condensados são amplamente utilizados para a reconstituição de bebidas lácteas doces;
2. Os leites condensados são muito utilizados na preparação de chá ou café;
3. São também muito utilizados na preparação de gelados;
4. São utilizados em doces e produtos de confeitaria;
5. São frequentemente utilizados em alimentos preparados de várias maneiras e formas.

BIBLIOGRAFIA

AOAC (2005), **Official Methods of Analysis,** 17th ed., Gaithersburg M. D.: Association of Official Analytical Chemists.

Barbano DM. (1990) **Seasonal and regional variation in milk composition in the US**, Proc. 1990 Cornell Nutrition Conference. Cornell University, Ithaca, NY. 1990;p. 96-105

Bewley, Elizabeth (24 de junho de 2010). **Os produtores de leite enfrentam as grandes cooperativas**. Burlington, Vermont: Burlington Free Press.

Boekel, M. A. J. S., e P. Walstra. (1995) **Effect of heat treatment of chemical and physical changes to milkfat globules,** Heat Induced Changes in Milk, 2nd Ed. Fox, P. F., ed. International Dairy Federation, Bruxelas, Bélgica.

Britten M, Pouliot Y. (1996) **Characterization of whey protein isolate obtained from milk microfiltration permeate.** 76:255-265.

Champe, Pamela (2008). **Introdução aos hidratos de carbono**. Lippincott's Illustrated Reviews: Bioquímica, 4ª ed. Baltimore: Lippincott Williams & Wilkins.

Christison GW, Ivany K (2006). **Dietas de eliminação em distúrbios do espetro do autismo**, J Dev Behav Pediatr 27 (2 Suppl 2): S162.

Farkye, N. Y. (2003) **Other Enzymes,** Advanced Dairy Chemistry, Vol. 1 Proteins, 3rd Ed. Fox, P. F., e P. L. H. McSweeney, eds. Kluwer Academic/Plenum Publ. Kluwer Academic/Plenum Publ., NY.

Flynn A., Cashman K. (1997), **Nutritional aspects of minerals in bovine and human milks,** Advanced Dairy Chemistry, Vol. 3, 2nd Ed. (Fox, P. F., ed.), Chapman & Hall, London.

Fox, P. F., e P. L. H. McSweeney. (1998) **Dairy Chemistry and Biochemistry,** Blackie Academic & Professional, uma marca da Chapman & Hall, Londres.

Hakkak, et al. **Dietary Whey Protein Protects against Azoxymethane-induced Colon Tumors in Male Rats,** Cancer Epidemiology Biomarkers & Prevention, Vol. 10, maio de 2001, pp. 555-558.

Henriksen, **Milk for Health and Wealth**, FAO Diversification Booklet Series 6, Roma.

Holsinger, V. H. Lactose (1988) **Fundamentals of Dairy Chemistry**, 3rd Ed. Wong, N. P., R. Jenness, M. Keeney, e E. H. Marth, eds. Van Nostrand Reinhold, NY.

Holsinger, V. H. (1997) **Physical and chemical properties of lactose**, Advanced Dairy Chemistry, Vol. 3 Lactose, water, salts and vitamins. 2ª Ed. Fox, P. F., ed. Chapman & Hall, Londres.

Holt, C. (1995) **Effect of heating and cooling on the milk salts and their interaction with casein**, Heat Induced Changes in Milk. 2nd Ed. Fox, P. F., ed. International Dairy Federation, Bruxelas, Bélgica.

J-F. Fairise, P. Cayot, D. Lorient. **International Dairy Journal**, volume 9, número 36, março de 1999, páginas 249-254.

Jelen, P., e W. Rattray. (1995) **Thermal denaturation of whey proteins**, Heat Induced Changes in Milk, 2nd Ed. Fox, P. F., ed. International Dairy Federation, Bruxelas, Bélgica.

Jenness R. **Milk salts.** Patton S editores. (1959) **Principles of Dairy Chemistry.** New York, NY: John Wiley and Sons Inc, p. 158-181

Kaylegian KE, Lynch JM, Houghton GE, Fleming JR, Barbano DM. **Calibração de leite modificado versus leite do produtor**: Validação do desempenho do analisador de infravermelhos médio. J. Dairy Sci. 2006;89:2833-2845

Kunz, C; Lonnerdal, B (1990). **Human-milk proteins**: analysis of casein and casein subunits, American Journal of Clinical Nutrition (The American Society for Clinical Nutrition).

Lefevre C.M., Sharp J.A., Nicholas K.R. (2010). **Evolution of lactation: ancient origin and extreme adaptations of the lactation system,** Annual Review of Genomics and Human Genetics.

Lorenz M, Jochmann N, von Krosigk A, et al. (janeiro de 2007). **A adição de leite impede os efeitos protectores vasculares do chá**, Eur. Heart J. 28 (2): 219-23.

O'Brien.(1995) , **Heat induced changes in lactose: isomerization, degradation, Maillard browning**, Heat Induced Changes in Milk, 2nd Ed. Fox, P. F., ed. International Dairy Federation, Bruxelas, Bélgica.

O'Brien, J. Reaction chemistry of lactose: non-enzymatic degradation pathways and their significance in dairy products, in: Advanced Dairy Chemistry, Vol. 3 Lactose, water, salts and vitamins. 1997, 2ª Ed. Fox, P. F., ed. Chapman & Hall, Londres.

Oste, R., M. Jagerstad, e I. Anderson. (1997), **Vitamins in milk and milk products,** in: Advanced Dairy Chemistry, Vol. 3 Lactose, water, salts and vitamins, 2nd Ed. Fox, P. F., ed. Chapman & Hall, Londres.

Parodi, P. (2004), **Milk fat in human nutrition**, Aust. J. Dairy Technol. 59:3-59.

Potter, M. E., A. F. Kaufmann, P. A. Blake, e R. A. Feldman. (1984) **unpasteurized milk: The hazards of a health fetish**, J. Am. Med. Assoc. (JAMA). 252:2048-2052.

Pruitt, K. Lactoperoxidase. (2003), **Advanced Dairy Chemistry**, Vol. 1 Proteins, 3rd Ed. Fox, P. F., e P. L.

H. McSweeney, eds. Kluwer Academic/Plenum Publ. Kluwer Academic/Plenum Publ., NY.

Reddy VC, Vidya Sagar GV, Sreeramulu D, Venu L, Raghunath M (2005). **A adição de leite não altera a atividade antioxidante do chá preto**. Ann Nutr Metab. 49 (3): 189-95

Singh, H. (1995) **Heat-induced changes in casein, including interactions with whey proteins**, Heat Induced Changes in Milk, 2nd Ed. Fox, P. F., ed. International Dairy Federation, Bruxelas, Bélgica.

Vorbach C., Capecchi M.R., Penninger J.M. (2006). **Evolução da glândula mamária a partir do sistema imunitário inato, Bioessays**.

Walstra, P., T. J. Geurts, A. Noomen, A. Jellema, e M. A. J. S. van Boekel. (1999) **Dairy Technology**, Principles of Milk Properties and Processes. Marcel Dekker, Inc., NY.

Weihrauch, J. L. (1988) **Lipids of milk: deterioration,** Fundamentals of Dairy Chemistry, 3rd Ed. Wong, N. P., R. Jenness, M. Keeney, e E. H. Marth, eds. Van Nostrand Reinhold, NY.

Whitney, R. McL. (1988) **Proteins of Milk**, Fundamentals of Dairy Chemistry, 3rd Ed. Wong, N. P., R. Jenness, M. Keeney, e E. H. Marth, eds. Van Nostrand Reinhold, NY.

Wayne Arnold, **A Thirst for Milk Bred by New Wealth Sends Prices Soaring**, The New York Times 4 de setembro de 2007.

Caderno nº 298, **Gestão de Lacticínios e Produtos Lácteos**: DMMPS – 2

Printed by Books on Demand GmbH, Norderstedt / Germany